U0150893

森林商学园

① 大森林的小生意

肖叶 主编　龚思铭 著

郑洪杰　于春华 绘

人民文学出版社　天天出版社

更有趣更有营养的好故事

国际儿童读物联盟主席 *张明舟*

　　教育的主要途径是阅读，阅读几乎是个人成长的必由之路。儿童的健康成长，需要读书。一方面，小读者需要令他们着迷开心的虚构类图书；一方面，他们也需要与其所处的真实世界更紧密相关的非虚构类图书，因此，给孩子们选些既有趣又有营养的好书至关重要。

　　"森林商学园"系列就是这样一套科普读物。虽然作者的初心是向小读者传递与我们日常息息相关的有用的经济学知识，但在故事性上却丝毫不逊色于最优秀的童话故事。故事发生在森林里，每个动物角色都个性鲜明、形象生动，情节跌宕起伏、充满悬念，满足了儿童的好奇心和想象力，令人印象深刻。插画家用灵动有趣的画面与文字呼应，别有一番趣味。文字作者和插画家一起，让科普变得生动有趣，轻盈地荡起童话的小船，把小读者摆渡到抽象的经济学王国。

　　知识范围的拓展能够改变一个人对世界的认知，经济学构建的就是这样一种独特的思维方式。它需要长时间的积累训练和必要的知识储备，这正是"森林商学园"系列的创作初衷，用故事的形式将资产、投资、利率、消费等这些概念讲给孩子们听，让他们从小学会从不同的角度去看世界，去规划自己的人生。

　　当今世界，一个人是否懂得理财，懂得做决策，懂得合理安排自己的资产，对其生活的影响是大而深远的，然而"财商"的培养需要一步步的知识积淀。经济学繁杂的原理和公式推导常令人眼花缭乱，阻挡了小读者探索的脚步。"森林商学园"系列巧妙地将经济学概念和原理用日常生活解读出来，即便小学生也能立刻明白。比如资源稀缺性、供给需求与价格的关系等概念，用"物以稀为贵"这样的俗语一点就通；再如，以效用原理来解释时尚潮流，建议小读者用独立思考来代替盲目跟从，专注自己的感受，从而避免受时尚潮流的负面影响等。书中所覆盖的知识不仅不复杂，反而很实用。每个故事结束后，还以"经济学思维方式"（"小贴士"和"问答解密卡"）告诉小读者在日常生活中如何应用经济学知识来思考和解决问题。

　　优秀的儿童文学，必定能深入浅出，举重若轻，使读者在获取知识的同时，提高独立思考与辩证思维能力。"森林商学园"系列正是这样一套优秀的儿童科普文学作品，它寓教于乐，是科普与文学巧妙结合的典范，值得向全国乃至全球的小读者们推荐。

前　言

　　孩子们的好奇心和求知欲表现在方方面面，他们既想了解宇宙和恐龙，也想知道家庭为什么要储蓄、商家为什么会打折、国家为什么要"宏观调控"。而这些经济学所研究的问题既不像量子物理一般高深莫测，也不像形而上学那样远离生活。只要带着求知心稍稍了解一些经济学常识，许多疑惑就可以迎刃而解。

　　除了生活中必要的常识，经济学还提供了一种思维方式，让我们以新的视角去观察世界。生活中面临的许多"值不值得""应不应该"，完全可以简化为经济学问题，无非就是在成本与收益、风险与回报等各种因素之间权衡。当然，生活是如此的复杂，远非经济学一个学科能够解释和覆盖，但是对未知领域的探究心和求知欲，特别是学会如何学习、怎样寻找答案，是比知识本身更加重要的能力，也正是这套丛书想要告诉小读者的。

　　人的认知有多深，世界就有多大。知识越丰富，人生体验也就越多彩。希望本套丛书所介绍的知识能为小读者提供一个全新的视角，有助于大家以更开阔的眼光去观察我们的社会、了解人类的历史和现在。同时也希望本套丛书能成为一扇门，引领小读者进入社会科学的广阔世界。

作者

认识森林居民

松鼠京宝

身手矫健，聪明勇敢，号称"树上飞"；对朋友非常真诚，与白鼠 357、刺猬扎克极为要好。

白鼠 357

从科学实验室里逃出来的小白鼠，编号 UM357（即 Ultra Mouse——超级老鼠 357 号）；一场暴风雨中，随着一道闪电从天而降。在冰雪森林里，大家都叫他 357。

刺猬扎克

平时迷迷糊糊，但灵感爆发时，常有好点子。

水獭波波

冰河的主人，和他的弟弟妹妹共同掌握着鱼类资源，同时也肩负着保卫河道安全和鱼类繁盛的责任。

棕熊贝儿

性格温柔，对棕熊家族热爱的摔跤游戏并不感兴趣，喜欢独自研究森林里的植物。

兔子霹雳

虽然脾气暴躁，动不动就嚷嚷，不过还是讲道理的；路见不平，拔刀相助，是个十分仗义的小家伙。

狐狸歪歪

狐狸家族的活跃分子，和其他家族成员一样，不善理财，因此经常陷入与钱有关的麻烦。

老虎奔奔

冰雪森林里的乐天派，认为快乐比什么都重要；很容易感到无聊，所以总是在"找乐子"。

大雁商旅队

往返于南北的商旅队，他们从南方带回的海盐是冰雪森林居民的生活必需品。

目 录

1 京宝的烦恼

太阳刚刚照亮冰雪森林，松鼠京宝已经在林间忙碌起来了，他正在地面上采集苔藓。秋天的苔藓是修补巢穴的好材料，把苔藓铺在用树枝搭好的卧室里，就可以温暖又舒适地过冬了。

京宝将苔藓运回家，提着小篮子又急匆匆地出门了。今天是赶集的日子，他必须采集足够多的松果，带到集市上，换一些水果干和谷粒——除了温暖的巢穴，食物也是安全过冬的必备之物。

京宝背着一把短剑，在松树林里上下翻飞，一会儿工夫就采了一大堆新鲜松果，像小山一样堆在地上。他用手捧起一颗比头还大的松果，小心地放在小篮子里。今年的松果长得可真好呀，又大又饱满。

"这么多漂亮的松果，一定可以换到最喜欢的水果干和谷粒，不用担心冬天会挨饿啦！"京宝开心地拎起小篮子，蹦蹦跳跳地朝集市跑去。

北方的冰雪森林中，白色的冬季侵吞了一年中一半以上的时间。可是冬天的雪也好玩得很呀！而且只要做好充足的准备，也不是那么难熬——白雪覆盖的大地深处、树洞里，都是十分暖和的！

冰雪森林的秋天集市最为热闹——有本地居民采集的浆果、坚果、蘑菇，还有用鲜果晒制的果干，有用树皮、树枝、树叶制作的精致耐用的小家具，有用果壳、果核制作的锅碗瓢盆和茶具……哦，对了！南飞的大雁商旅队也会在集市上短

暂停留，用北方冰原的土特产，换取一些鲜嫩野草和小鱼小虾。京宝最喜欢大雁带来的树莓果干，那是一种生长在极寒地区的红色浆果，营养丰富，酸甜可口。京宝采集松果，主要就是为了换些树莓果干吃。

刺猬和棕熊们要在第一场雪落下之前饱餐一顿，然后钻进地洞里，美美地睡上一大觉，静静等待春天的到来。不需要冬眠的森林居民就得在家里储存够整个冬天的食物。所以京宝到达集市时，这里早已挤得水泄不通。

京宝好不容易找到大雁商旅队，摊位上鲜红的树莓干看起来可真美味——什么？今年涨价了？！京宝看见价格牌上画着：1 条鱼 /10 只小虾 =1 包树莓干。他的心凉了一半，毛茸茸的翘尾巴啪嗒耷拉在地上。

京宝小心地问大雁："今年不收松果了吗？"

领头的大雁回答道："别提了，我们下一站栖息地被改造了，那里的松鼠、老鼠、兔子和鸟儿们冬天不再囤粮，都去掏垃圾箱了。所以，我们干脆在这里吃饱就出发，不往南边运货了。"

"那为什么涨价了呢？去年一篮子松果还能换两包树莓干呀？"

"我们在北方的领地飞来了一群天鹅，我们采不到那么多树莓了。你看，一共也就带来这些。"

大雁打开大竹筐，可不是，一筐都没有装满呢！

"为了大家出发前都能吃饱，只能涨价啦！"大雁有点不好意思地解释道，"你快想办法用你的松果换一点鱼虾，我留一包给你！"

"嗯！"京宝来不及细想，他似懂非懂地提着小篮子离开了。以前都是可以用松果直接换树莓的，而且一篮子能换两包，怎么突然就变了呢？他一边想，一边琢磨如何能用松果换到一条鱼。

忽然，他仿佛听见有谁在叫自己。

"京宝！京宝！"是他的好朋友——刺猬扎克。他背上扎着一条肥鱼，手里拎着篮子，正向他招手。

"哎呀！扎克，对不起，我急着去换鱼，我们一会儿在集市出口见吧！"京宝也向刺猬扎克挥挥手。此刻的京宝满脑子都是鱼，顾不上别的。

集市上水泄不通，京宝"树上飞"的本领也发挥不出来，只能用蛮力，铆足劲儿向别的摊位挤过去。

京宝用三分之一的松果在麻雀家换了两大包谷粒，还好麻雀家今年没有涨价，不然他冬天只能靠林子里埋下的坚果充饥了。可是怎么才能用剩下的松果换到鱼呢？这可真不容易！卖鱼的大棕熊只收蜂蜜，而且当场就吃掉。就算他肯收松果，自己这一篮子，恐怕还不够塞棕熊的牙缝儿……干脆，直接去水獭家碰碰运气，或许他们想换换口味，尝尝新鲜的松果呢？

京宝背起谷粒，提着篮子在树林里飞奔，刚想一个筋斗翻上树，却被什么东西绊了一下，在空中翻了几个空翻，扎扎实实地摔在地上，松果和谷粒散落了一地……

古老的交易——以物易物

以物易物是最古老的交易方式。在远古时代，人类就是通过这种面对面的交易方式，来换取生活所需，互惠互利的。比如牧羊人需要粮食和蔬菜，而耕种的人需要羊肉和羊皮，他们之间就可以通过交换来满足各自生活的需要。

以物易物的麻烦

以物易物的麻烦是显而易见的，如果你拥有的东西不能直接换来你所需要的，就需要像京宝一样费尽周折。不过，在货币出现之前，人类社会的确就是这样进行交易的。换到自己需要的东西，可能并没有想象中那么容易。

集市——集中交易场所

　　集市的出现在一定程度上方便了以物易物。当大家都带着自己的劳动所得到集市上交换时，最多经过几次交换，就能换到自己想要的东西，而不必到处奔波了。不过，比起今天我们用"钱"甚至"电子货币"买东西，还是相当麻烦的！

1

问：大雁商旅队为什么突然不接受用松果换树莓干了呢？

2

问：树莓干为什么突然涨价了呢？

3

问：在我们人类的世界里也有集市，与冰雪森林的秋天集市相比，最明显的差别是什么？

你若想不出答案，书中的解密卡可以帮助你！

2 357有好主意

"哎哟，痛死了！"京宝挣扎着爬起来一看，原来绊倒他的是刚从地洞里钻出来的白鼠357。

"357，你怎么突然冒出来，太危险啦！"京宝边捡拾谷粒和松果边说。

漂亮的白鼠357显然不是冰雪森林的土著居民。那是一个暗如黑夜的白昼，呼啸的妖风把树都刮倒了。噼里啪啦一阵闪电，稀里哗啦一堆东西掉落在林地上，其中就有这只白鼠。

他长着一对亮晶晶的大眼睛，脚上挂着一枚金属标签，上面写着"UM357"。森林居民们并不明白这个代号是什么意思，不过还是接纳了他。他们就叫他"357"。

以森林居民有限的经验判断，357 应该是从城市里逃出来的。再具体一点，说不定就是传说中那个恐怖的叫作"实验室"的地方。这一点，从那个神秘代号就很容易判断。他们想得一点也没错，"UM"正是英文"Ultra Mouse"——"超级老鼠"的缩写，白鼠 357 大概就是"超级老鼠"实验计划中的第 357 号白鼠。至于"超级老鼠"到底"超级"在哪里，人类又对他进行了哪些改造，森林居民们还不清楚。不过，357 聪明伶俐，精力无限，绝不是普通的白老鼠，这一点是可以肯定的。

"哦，真对不起！落叶这样厚，阳光又刺眼，我差点以为眼睛坏了……不过京宝你怎么跑到地上来了？" 357 揉揉眼睛，两只小爪子在树叶里翻来翻去，帮京宝找松果。

"唉，我拎这么多东西，飞不起来啊！我赶着去水獭家，想用松果换一条鱼。"

357笑着说："别傻了！水獭家的鱼要用上好的鲜嫩树枝去交换，除非你的功夫有大棕熊那么厉害，否则他们才不会跟你换他们不需要的东西！"357两只胳膊嗖嗖嗖地比画着。

"嘿——哈！"京宝在357面前也要起了功夫，"你看我厉不厉害！"但很快他做了个鬼脸，"不过功夫可不是这样用的……唉！可惜今年大雁不收松果了，想要树莓干，只能用鱼和小虾去换。"

357假装生气地说："原来是为了这个呀！你遇到难题，怎么不来找我和扎克呢？我们还是不是'森林三侠'？"

"就是因为我刚遇见扎克，才不去找他！他背上只扎着一条鱼，如果我开口，他一定会把鱼送给我，那他冬眠之前恐怕就要饿肚子了！"京宝总是会为朋友着想。

357笑了笑："还有我呢！跟我来！"他拉起京宝就向自己的地洞走去。

357三两下就把洞口的落叶清扫干净，阳光从树叶中间洒进洞口，进入洞中的京宝"哇"的一声叫了起来——几天不见，357的地洞比原来扩大了三倍，简直比冰雪森林里最威武的棕熊的树洞还要大！他又想起森林里的传闻，说不定357真的不是普通的白鼠。

357拿出几片亮晶晶的小板子，一片放在洞口阳光洒进来的位置，阳光好像被他指挥了一样，直直地折向墙壁。357 追着阳光的方向，把另一块小板子挂在墙上，阳光又折向对面的墙壁。几块小板子放好，357 的地洞简直跟高处的树洞一样亮了！

京宝的眼睛瞪得老大，他被 357 的"魔法"，还有他的"魔洞"惊呆了——地上的箱子里、墙边的柜子上、天花板顶，都装满了各种各样他从来没有见过的新奇玩意儿——有闪闪发光的珠子，五颜六色的瓶子罐子，这毛茸茸、又厚又软的，是被子吗？摸起来好舒服啊！这可比兔子们用干草织的被子暖和一百倍呢！

京宝激动地说："357，你是魔法师啊……这些东西都是你发明的吗？要是带到集市上去，想换什么就能换到什么吧？"

"你看，我这里什么都不缺，干吗去集市呢？"357从一个小口袋里拿出一把雪白的、亮晶晶的小颗粒递到京宝嘴边，示意他尝尝。

京宝犹犹豫豫地舔了一口，小颗粒在他嘴里迅速融化了，京宝用舌头左碰碰，右舔舔，再也找不到，可是酸酸甜甜的水果味道却在嘴里散开了——太美味了！简直比树莓干还要好吃！

京宝问："哎呀呀，太好吃了！这是什么？"

"不知道，有时候同样的

东西，也有完

全不一样的味道，好不好吃，全靠运气！我们就叫它'怪味粉'吧！不过……
也不是这个样子的东西全都能吃啊，人类有时候会故意放些东西给你吃，可
吃下去要丢小命的！"357得意地指指自己，"能不能吃，全得靠我的经验
判断。"说完，他钻进一只大箱子，在里面折腾了半天，翻出一堆花花绿绿
的线绳。

　　"拿这个去，保证能换两条大鱼。要是不换给你，你回来叫我，我带你
去冰河下游，咱们自己网鱼去。"

　　京宝好奇地扯着线绳的一端问："这是什么呀？"

　　"拉住别动！"357说着，扯起线绳的另一边，稍微走远一些。

　　线绳被拉开，原来是一张大网！

　　357用藤条给网打了个小背包，放到京宝身边："用这个捞鱼，可比水
獭们一条一条地捉鱼快多啦！"

　　"太好啦，357！"京宝感激地握住357的爪子。随后，他把小篮子里
剩下的松果都倒在地上一个船形的容器里，他不知道这东西是做什么用的，

只觉得棕熊的大脚如果瘦一些，倒正好可以塞进去："那这些新鲜的松果给你，可好吃了！"

357大方地一笑："客气什么！这网河对岸多得很，对我来说也没太大用处。你被我绊倒，耽误了时间，这个就算给你赔礼吧！"

"不管你有用没用，反正帮了我大忙，我一定要谢谢你！"

松果是小松鼠最珍贵的礼物，357见京宝坚持，便谢了京宝，接受了他的好意。他又用树叶包了一包"怪味粉"递给京宝，催促道："快去吧，不然树莓干要被换光了！"

京宝一拍脑袋，赶紧背起谷粒，挎上装好渔网的小篮子向河边赶去。

冰河里的鱼不少，可来买鱼的森林居民更多，水獭们在河边支起摊子，很快就排起长队。除了鱼和小虾，他们也吃树林里的植物，他们还需要树枝来修补巢穴，所以动物们可以用美味的植物和新鲜树枝跟他们交换。

水獭们的生意好极了，棕熊、紫貂、猞猁猫等都收集了上好的新鲜树枝、树皮，到水獭家来换鱼。河边的树枝、树皮已经堆得老高。看到招牌上写着"1捆树枝/10片大号树皮=1条鱼/10只小虾"，京宝松了一口气："还好，这里没有涨价！"

京宝带来的渔网引起了大家的好奇。负责看摊的水獭波波，招呼在河里捉鱼的弟弟妹妹们："大家快上来瞧瞧，这个能不能用？"

听到哥哥召唤，弟弟妹妹们纷纷从水里钻出来，把捉到的鱼甩在摊上，抓起京宝带来的网，有的闻，有的摸："这是啥？又不能吃又不能用。"

"太棒了！"水獭们收拢满载收获的大网，对京宝带来的新型"武器"赞不绝口，"这网我们要了，两条肥鱼够不够？"

　　天，好大的惊喜！京宝没想到，水獭们居然给他两条肥鱼！他连忙开心地答应了："成交！"

　　波波用树叶把鱼包好交给京宝。京宝背起重重的包裹，不禁感叹："357果然厉害！"可惜自己和357都不太喜欢吃鱼，不然真应该叫上扎克一起美餐一顿！

　　京宝先把谷粒送回松鼠洞里，然后背起两条肥鱼赶回集市。不过，京宝只换了一包树莓干，至于另一条肥鱼，他还有别的用处。

　　终于跟大雁换到一包树莓干。京宝打开干草包，开心地闻了又闻，干草的香味混合着树莓的甜味："太幸福啦……"他开心地笑了。

京宝抬起头，才发现太阳已经落山了。为了一包树莓干，京宝提着篮子、背着沉重的背包、拖着肥鱼，往返于林地、河畔和集市间，折腾了整整一天，坐下来才觉得筋疲力尽，连回家的力气都没有了！

"京宝，可等到你了！"刺猬扎克按照约定，在集市的出口等着京宝，他的背上扎着各种鲜果，篮子里也满满的，看来收获不小。

"过冬的粮食都囤好了吗？"扎克背上的东西太多了，走起路来摇摇晃晃，他一边说一边向京宝靠近。京宝小心地保持着距离，既不要远到让扎克觉得不舒服，又不要近到让自己被他的刺扎到。

"嗯！大雁说话算话，给我留了好大一包树莓干，你尝尝！"京宝打开干草包，递给扎克。

"呀！"扎克叫出了声，拿出一个同样的干草包，打开给京宝一瞧，又是一包树莓干。

京宝吃惊道："你用肥鱼换了这个？"

"嗯！这不是你最爱吃的吗？我专门换来送给你的呀！"扎克边说边把树莓干重新包好，塞给京宝，"我还给357换了一包花生呢。本来早上就想交给你，你偏要跑那么急，害我拎了它一天！"

真是一个意外的惊喜！居然一下子得到两包树莓干！京宝既开心又感动地说："谢谢你，扎克！你跑了一天，肯定也饿了吧？不如咱们先去找357，一起吃！"京宝迫不及待想跟扎克和357一起分享，顺便感谢357的渔网。

"嗯……你这么一说，我还真觉得有点饿了。哈哈，我还有些树皮，待会儿还够去水獭家换条鱼吃呢！"

京宝这才想起，自己也给扎克准备了礼物。他狡黠地一笑，翻开篮子上盖着的树叶："瞧！肥鱼自己跑来啦！"

扎克先是一愣，然后也憨憨地笑了起来。

一阵微风吹过，金黄的树叶飘落下来。冰雪森林的居民们，要熬过漫长而寒冷的冬日，才能迎来温暖的春天。幸好，在秋天集市上，冬眠的居民们能在睡觉前饱饱地吃上一顿，不用冬眠的居民们也能买到足够的食物过冬。在冰雪森林美丽富饶的土地上，聪明又勤劳的居民们总是不至于挨饿的。

以物易物时，如何确定"价格"？

以物易物是以"需求"来为物品定价的。比如，对于普通人来说，一颗钻石显然比一个馒头贵重得多。而对于一个被困在山上、快要饿死的人来说，他一定愿意用身上最贵重的钻石来换取一个馒头。此时此刻，一个馒头与贵重的钻石可以是等价的，甚至馒头比钻石更珍贵。

我们故事里的森林居民们也是一样的。水獭们掌握着森林里的鱼类资源，却也需要森林里美味的植物食用，并用新鲜树枝来修整巢穴，所以他们愿意用肥鱼来换取这些。

棕熊、豺狸猫们能够在森林中采集到植物和树枝，但他们并不怎么需要，正好拿来换鱼吃。双方都用自己的劳动所得，换取生存所需要的物品。以物易物主要看交易双方的需求是什么，与物品本身的价值关系不大。

什么是效率?

效率衡量的是在避免浪费的前提下，以有限投入达到预期目标的能力。在我们的故事中，一只水獭一次只能捉一条鱼，就算许多只水獭一起下水，平均捕鱼数量也不会提高。可是如果使用渔网，四只水獭一次就可能捕到八条鱼，不仅省时，而且省力。也就是说，水獭用渔网捕鱼，效率提高了整整一倍!

我们说一个人的工作效率高，就是指在保证质量的前提下，这个人完成工作所花费的时间比其他人少;或者在相同的时间内，这个人完成的工作量比其他人多。

1

问：假如除了大雁商旅队之外，还有别家也出售同样的树莓干，大雁还可以随意涨价吗？

2

问：如果树莓干只能在大雁家买到，大雁可以随意定价吗？

3

问：有了渔网，水獭们捕鱼的效率突然提高了一倍，这对水獭来说有什么好处？

你若想不出答案，书中的解密卡可以帮助你！

3 冬日小插曲

冰雪森林的冬季是寒冷而漫长的——呼啸的北风吹得白杨、黑桦瑟瑟发

抖，抖掉了最后几片树叶；雪花不停地从天空奔向大地，完全掩埋了秋天的

痕迹。透明的冰看似脆弱，却像一只有魔力的大手覆盖在河面上，奔腾的河

水刹那间安静无声……

然而，就在这样的严寒中，冰雪森林的深处依然生机勃勃。

啄木鸟在大松树周围飞了一圈，故意落在京宝卧室的外面，笃笃笃地敲个没完。等气鼓鼓的京宝钻出树洞，她却笑嘻嘻地一溜烟飞走了。

京宝站在树杈上伸了个懒腰，冬天的空气凉凉的，他不禁打了个寒战。忽然，地面上一阵响声引起了京宝的注意，他趴下一看，哎呀！原来是花栗鼠们在雪地里翻来翻去，寻找食物呢！

"糟糕！埋在地下的坚果可能保不住了……千万别给我吃光了啊！"

京宝正为他的坚果揪心，没想到花栗鼠们呼啦一下

全跑了！京宝朝远处一看，原来是冰雪森林最威风的老虎奔奔来了。不过，他可不是来逗花栗鼠玩的，而是径直朝棕熊贝儿冬眠的树洞走去。

"又是一个爱敲门的家伙！"京宝为了抄近路，在树枝间翻飞。冬天的树枝太脆弱，他一个没抓牢，顺着树梢滑了下去，正好落在奔奔的头顶上。

从天而降的京宝让奔奔吓了一跳。

"哎呀！我都要被你吓死了！你从哪里飞出来的？"

京宝喘着粗气："嘘——嘘——别、别叫醒他！"

奔奔笑道："他都睡多久了！冬天好无聊啊，叫贝儿出来一起玩雪嘛！"

京宝做了一个阻止的手势道："森林公约——不可

以惊扰冬眠的棕熊！"

"奇怪，为什么呢？算了，要不咱们俩堆雪团吧！"

奔奔按京宝的样子在林子里堆了一只超大号的松鼠，漂亮极了！可是堆完雪松鼠，奔奔又想玩打雪仗——这绝对是个坏主意！京宝团的小雪球连奔奔的毛毛都沾不到，可是奔奔的大雪球却像炮弹似的，一个接一个地砸下来，京宝很快就被埋在雪里了！

三个大雪球黏在一起，京宝被压得动弹不得，奔奔赶紧跑过来救他。

奔奔捧着巨大的雪团，越看越觉得好玩："嘿！不如咱们一起，滚一个更大的雪球！"

京宝赶紧表示赞同，这毕竟比挨"炮弹"强多了。

于是，奔奔推着雪球，京宝走在雪球顶上，像踩球的小猫一样。

京宝指挥道："奔奔，咱们往坡上推，那里的雪更厚！"

"嗯，好主意！"奔奔兴奋极了。

一会儿工夫，他们就爬上了坡顶，那个雪球，已经比奔奔还要高了！

看着这颗巨大的雪球，奔奔得意极了！

"京宝你真棒！坡顶上的雪果然又厚又黏！"

不要吵醒冬眠的棕熊！

你好像
说过……

京宝！你看起来……好好吃啊！！

京宝慌忙跳到树杈上，大声叫道："贝儿，吵醒你，对不起！可是春天还没到，麻烦你回去睡觉吧！"

贝儿垂头丧气地说："可是，我真的好饿呀！饿着肚子怎么睡觉啊！"

奔奔趁机邀请："嘿，咱们打雪仗吧，玩起来就忘了饿啦！"

贝儿摇摇头，一屁股坐在雪地上："我连团雪球的力气都没有了，饿

呀……"他捡起奔奔刚团好的雪球，啃了一口。

森林公约说，千万不要吵醒冬眠的棕熊，看来是有道理的。他们饿起来可顾不得那么多，什么都吃。

京宝想挖一点秋天埋下的坚果给贝儿充充饥。咦？自己用小树枝给储藏室做的标记哪儿去了？他坐在雪地上想了一会儿，还是没有发现，冬天的林地和秋天的已经完全不同，大雪一落，什么都看不见了……

京宝灵机一动："对了！咱们去河里捉鱼吧！天气这么冷，估计水獭们也懒得管。"

奔奔和京宝在雪地里翻来翻去，找到了一根很适合做鱼叉的树枝。他们拖起躺在地上耍赖的贝儿，一起向河边走去。

冬天的河面被冰封住了，贝儿拍拍厚厚的冰层："这么厚的冰，就算水獭们不管，我也没力气下河去捉鱼啊！还是叫他们捉吧。"

幸好水獭们不需要冬眠，河面上结了冰，他们正好从洞

穴里钻出来玩耍，有的在滑冰，有的在冰上打滚，玩得不亦乐乎，根本没注意到京宝他们。

京宝站在奔奔头顶上，朝河面喊："波波！涛涛！"

水獭波波最先听见京宝的叫声，回应道："是京宝啊，有事吗？"

京宝指指趴在地上的贝儿，喊道："江湖救急！可不可以帮我们捉两条鱼？这家伙快饿死了！"

波波往冰面上一趴，直接滑上岸。他回头看着河面："冰层太厚了，到下面捉鱼可不容易呀！"

奔奔问："你们需要什么，我们找来换，行吗？"

波波摇摇头："这个时候，一百捆树枝也换不到鱼！"

物以稀为贵

与大雁家的树莓干一样，鱼在冬天也成了"稀缺资源"。因为河面结冰，水獭们既不能结网捕鱼，也无法下河捉鱼了，所以供给的鱼的数量变得极为稀少，冬眠醒来的棕熊却需要鱼来充饥——这与一捆树枝换一条鱼的秋天，情况已经大不相同了。一种非常稀缺的资源，面对旺盛的需求时，涨价是不可避免的，有时候，甚至会出现"千金难买"的情形。经济学是一门以稀缺资源为研究对象的学科。因为资源具有稀缺性，所以才需要研究它的生产、分配、利用、调节，以使其达到最优效果，并尽可能地避免浪费。

相对稀缺与绝对稀缺

所谓"稀缺资源"不一定是绝对数量稀少。通常，在一定的时间或空间内相对稀缺，也属于"稀缺资源"。虽然冰面下还是有很多鱼，可是捕鱼的难度加大了，这就造成了鱼的相对稀缺。

同样道理，生活在城市中的我们很少感觉到用水困难，所以你通常不会想到"节约用水"有什么意义。可是，相对于我们人类的总体需求而言，地球上的水是绝对稀缺的珍贵资源。我们平时很少意识到水资源的稀缺性，很大一部分原因是我们国家对水资源进行严格管理的结果。假如既没有计划，也不加控制，那么许多地区的居民恐怕都享受不到安全而充足的水源了。

1

问：想一想，生活中有哪些"物以稀为贵"的例子？

2

问：生活中常常见到"反季水果"，比如冬天的西瓜就比夏天的西瓜贵了许多，能用我们学过的知识解释这一现象吗？

3

问：所有资源都稀缺吗？有没有不稀缺的资源？

你若想不出答案，书中的解密卡可以帮助你！

4 357 的梦想

京宝有些沮丧地问："好波波，秋天的时候，不是几根树枝就能换一条肥鱼吗，现在怎么就不行了呢？"

水獭波波解释道："你别急嘛！不是我不讲道理，你看，冰层那么厚，我们也撒不了网了，不是不帮忙，是真的很难捉鱼了。"

"那你们没有囤货吗？"京宝喜欢把食物存起来慢慢吃，他认为水獭们也是一样的。

"鲜鱼放在洞里很容易坏掉，我们只有小虾和小蟹。不过……" 波波顿一顿，小声问，"加起来也不够贝儿吃吧？"

　　京宝心想，贝儿和奔奔威武健壮，平时吃得多，要填饱肚子还真不容易呢！虽然自己小小的，可是吃得不多，这样也挺好。

　　趴在地上的贝儿突然小声说："波波，你看起来也好好吃呀……"

　　"哎哟哟！"波波赶紧溜回冰面上，朝贝儿喊，"贝儿，你要是自己能捉鱼，请自便。不过冰层厚得很，你们挖的时候要小心啊！"

　　贝儿感觉越来越饿，奔奔玩不成打雪仗也有些沮丧。他们垂头丧气地正准备离开，忽然发现远处冰面上，有一个小小的身影在用力地凿冰，定睛一看，原来是 357！

"357！亲爱的357！"京宝高兴地冲过去，在冰上打了滑，一头撞在357怀里，"你在做什么？要钓鱼吗？"

"早啊，京宝！怎么可能，冰层这么厚，我自己哪里凿得开……我只是挖一些冰块带回去。"

奔奔也好奇地滑过来："你要冰做什么？能吃吗？"

357回答："不吃，带回去存在地洞里。"

奔奔还是不明白："咦？冬天什么都缺，就是不缺冰雪，干吗存这些东西？"

357得意地说道："我在地洞里存了一些鱼虾，需要冰块来保鲜啊！再说，冰块在冬天虽然不算什么，可是到了炎夏，就能派上大用场啦！"

"什么？有鱼？"听见"鱼"，贝儿爬了起来，"有鱼？好357，给我两条吃吧，我快要饿死了！"

"贝儿怎么这时候就醒了？真要命！"

京宝摸摸脑袋，害羞地说："说来话长，是被我吵醒的……"

贝儿叹了口气："算啦算啦！357，你的鱼要拿什么换？我马上去找！"

357摸摸耳朵，灵光一闪："有了，你什么也不用找。贝儿、奔奔，你们帮我挖一些大块的冰，运回我的地洞里，鱼给你们吃个饱，行吗？"

奔奔点点头，紧接着又摇摇头："反正闲着也是闲着，帮你运就是了！早上我已经吃饱了，这会儿吃不下什么。把贝儿吵醒我也有责任，出力气帮他换些鱼是应该的。"

"成交！"贝儿不知哪来的力气，也跟着欢天喜地地挖起冰块来。

大块头有大力气，一会儿工夫，贝儿和奔奔就把冰块运回了 357 的地下仓库。357 藏冰的地洞都快装不下了，奔奔和贝儿干脆甩开爪子，帮他把地洞又挖大了一倍。"有大家帮忙可真好！" 357 感叹道，"每一块冰都比我自己还要大，我就算拼命挖一整个冬天，也挖不来这么多！"

对奔奔和贝儿来说，这不过是小意思。贝儿吃了两条鲜冷肥鱼，心满意足地回树洞继续冬眠。奔奔却没玩够，他和京宝留下来，参观 357 的"魔法地洞"。357 端来了他自制的松叶茶和果仁蛋糕。

奔奔忍不住问："357，你这个小不点儿，可真了不起呀！这些奇怪的东西你都是从哪里弄来的？是被那种卷卷的风吹过

来的吗？"

"河边捡的、地下挖的，都有！大多数是在河对岸和城市老鼠换来的。那边有人类居住，危险一些，不过新奇玩意儿也多！"

京宝早就想问他："你一直收集这些东西，是因为好玩吗？"

357 摇摇头："当然不是！在人类居住区活动是一件很危险的事，找到有用的东西很不容易。而且，这些东西虽然是捡来的，我也是花了很多时间、很大力气才一点一点地搬回来的。整理干净，分门别类，研究它们的用处，更是一件费脑筋的事！可是，花这些时间和力气也是值得的，因为我的梦想是开一间便利店。等到春天，我就可以开张了！有了便利店，大

家就不用等到集市才可以交换了。而我，也能像水獭们一样，在家门口做生意，这不是很好吗？"

"357，你真棒，又聪明，又勤劳！我怎么就没想到呢！"京宝拍拍自己的脑袋。

"别急！我怎么会忘了你？有了便利店，你就可以把多余的松果、榛果、核桃、蘑菇，还有你用果壳做的茶杯、小碗，用树枝做的小家具放在我的店里，告诉我你要换什么就好了！"

"哈哈，谢谢好兄弟！"

"那我能干点什么呢？"虽然奔奔从来不用挨饿，可是他很容易觉得无聊，总想找些好玩的事情做。

"嗯……"357的一对大眼睛骨碌骨碌地转着，"今天我们的合作很愉快，嗯……不如下次我去河对岸的时候你陪我吧！有你在，别说城市老鼠，就连人类也不敢欺负我了！你想要什么都可以！"

奔奔小心翼翼地问："要好玩的新奇的玩具，行吗？"

"没问题！就这么说定了！"

他们三个开心地说说笑笑，果仁蛋糕和松叶茶热腾腾的香气从洞口飘散出来，给冬天的冰雪森林带来一丝暖意。森林居民们都热切地期待春天的到来，到那时候，鲜花会开遍森林大地，清澈的甘泉又会将小溪注满，大雁商旅队还会从南方带回香甜的野果……最重要的是，357的便利店要开张了！那里有数不清的新奇玩意儿，等着让森林居民们大开眼界呢！

劳动，也可以换来物品吗？

在我们的故事里，贝儿用采集和搬运冰块，从 357 那里换来了一顿饱餐。你认为贝儿的这顿饱餐是用什么来交换的呢？是那些冰块，还是贝儿的劳动？

其实都对！我们可以认为贝儿用自己的劳动获取冰块，用冰块换来了鱼——这与京宝采集松果，再用松果换取其他食物是一样的道理。

换一个角度，我们也可以认为这是一次以物易物。贝儿用自己的劳动所得，换取了 357 的劳动所得——357 的鱼也不是天上掉下来的呀！

付出劳动为什么能获取报酬？

劳动者付出的"体力"和"智力"虽然很难直接用金钱衡量，但最终会体现在商品中，因此劳动是有价值的。贝儿采集的冰块，最终会变成商品——冰镇果汁的一部分，出售给其他森林居民。可以说，这一杯冰镇果汁中的一部分价值是贝儿创造的。

同样道理，爸爸妈妈出去工作——无论是什么样的工作，都付出了智力或者体力，创造了价值。因此，爸爸妈妈的劳动也会获得报酬——工资。

哦！对了，别忘了！奔奔也付出了劳动，帮357采集和搬运了许多大号冰块，虽然他并不想吃鱼，但是他想让357找一些新奇玩具给他玩，这是非常合理的要求。奔奔付出了劳动，就可以获得报酬，当然了，报酬可以有很多种形式，鱼、玩具、工资，都可以。

1

问：大人们为什么要工作？

2

问：劳动可以创造哪些价值？你能举一两个例子吗？

3

问：放学回家帮忙做家务应当获得报酬吗？

你若想不出答案，书中的解密卡可以帮助你！

5 春天的集市

清晨，京宝在空气中嗅到了不一样的气味。风还是凉凉的，但是已经不像棕熊巴掌那样，仿佛要把他拍倒，而是像小鸟的翅膀似的，调皮地翻弄他的毛发，拨得他痒痒的。京宝想起妈妈说过，冰雪森林的秋天就是被北风给吹走的，春天是被温暖的东风给吹回来的。

京宝存在家里的粮食已经快要吃完了，不怕，鲜嫩的树芽已经迫不及待地拱出来，野花像冰河里的水泡一样，嘭嘭地在地面炸开，给冰雪森林织出一条清香的地毯。京宝在地面上跳来跳去，忽然发现几簇新钻出地面的树苗，他拍拍脑袋："原来你们在这里呀，可叫我好找！"

这几簇新苗的底下，就是京宝秋天存坚果的储藏室之一。因为下了大雪，京宝怎么也找不到储藏室的位置，没想到冬去春来，坚果发芽了！松鼠们是大森林里的"植树小能手"，广袤的冰雪森林里，许多树木都是京宝和他的祖先们有意无意种下的。

水獭们聚在堤坝上，学着用春草编渔网，多撒些网就能多网些鱼，跟森林居民换一些新鲜、粗壮的树枝，修补被春水冲破的家。

357 选择了一棵被闪电劈倒的大树墩来开便利店——"鼠来宝"正式开业了！

中空的树干正好用来摆放那数不清的新奇玩意儿，身材小巧的森林居民可以毫不费力地走进店里，随意挑选；要是有像贝儿、奔奔这样的"巨型"顾客，357 就打开他的旋转屋顶，让他们把头伸进来挑选。357 会向每一位来访的客人问候一句："欢迎光临'鼠来宝'！"

旋开的层层屋顶变成露台，往来的鸟兽可以要一杯松叶茶，晒着太阳，慢慢品尝花瓣脆饼或果仁蛋糕。更绝妙的是,树根下有好几个巨大的地下仓库，与便利店相连;可以储存货物。357 请贝儿、奔奔帮忙挖的冰块屋也在这下面，等到了夏天，露台茶馆就可以给往来的顾客供应冰镇果汁了。

刺猬扎克也被春天唤醒了，他伸伸懒腰，在鲜嫩的青草深处饱餐一顿，和京宝一起到357家帮忙。劳动结束，他们坐在树墩顶上，晒晒太阳，聊聊天。

刺猬扎克拍着小爪子说："357，你可真棒！我睡一觉的工夫，你的理想就实现啦！"

357摸着头笑道："嘿嘿，其实我已经准备了好几个春天……只能说又向目标前进了一小步。"

京宝不解："什么？这才一小步？"

"有一件事情，我一直没想清楚……你看，店里有这么多东西，怎么决定每样东西用什么来交换呢？……哎呀！我想不起来人类是怎样做的啦，我的脑袋要爆炸了！"357搓着脑袋。原来被人类改造过的白鼠也有想不明白的事。357感到问题的答案仿佛是蛋壳里的小鸟，随时能够破壳而出，可是就差在蛋壳上"啄"那一口。

"哦，我好像有点明白你的意思！"京宝说，"就算你给每个东西都规定了用什么来交换，太多了你也记不住啊！"

"是的！你看水獭家，树皮、树枝……甚至渔网，都可以用来换鱼。如果我也这样做，那就更乱套了……"357越想越头疼。

京宝想起秋天集市，提议说："不如别学水獭，因为他们只供应一种东西——鱼。我们想想，集市上那些供应好几样东西的，他们是怎么做来着……对了！大雁商旅队！他们来来回回带的东西都不一样，可是从秋天集市开始，都只收小鱼小虾，就是为了方便，吃完就出发！357你也只收你最喜欢的东西就好了呀！"

357摇摇头说："这个主意虽然不错，可是我开便利店，就是想让大伙儿都方便。如果我只收自己想要的东西——比如花生，大家来买东西之前，还不是要东奔西跑去找花生？就像秋天的你一样，为了换一包树莓干，来来回回地跑了多少趟？"

"对呀，如果便利店不能提供便利，那还叫什么'便利店'？这不是个好主意。"京宝小声嘀咕着，

"而且就算所有东西都只能用花生来换，慢慢地，你的花生就会越积越多，最后你自己也吃不完，说不定还要坏掉……"

迷迷糊糊的刺猬扎克好像忽然醒过来，没头没脑地冒出一句："咦？你们还没去集市吗？早上我听兔子霹雳说，大雁商旅队回来了，不如我们去看看有没有什么好玩的。"

京宝点头同意："也对，我们在这里想破头，恐怕一时半会儿也想不出好主意来，干脆去集市上逛逛，说不定就有灵感啦！"

357 也点点头："嗯，大雁去过那么远的地方，见多识广，我们去聊聊，说不定能长见识。"

他们说走就走，不过路上他们总是忍不住停下脚步，因为春天的森林里简直太美了！春风吹走了寒冷和饥饿，当生存不再艰难时，森林居民们对美好生活的向往甚至超过了对食物的向往。

三个小伙伴采集各种颜色的野花，编成花环套在京宝的脖子上；他们把嫩叶扎成一簇簇，让 357 的老鼠尾巴变得和京宝的一样"蓬松"；扎克的背简直成了移动美术馆，他们把最美的野花和树叶都挂在他的背上……春天的冰雪森林是这样的慷慨，不仅给它的居民提供了丰富的食物和充足的水源，还毫不吝啬地分享美丽和欢乐。

就这样，他们说说笑笑地来到了集市。冰雪森林春天的集市和秋天的完全不同，秋天集市以食物为主，是给居民们过冬用的，而春天集市上除了食物，还有能带来美丽和欢乐的商品——果壳串起的风铃、藤条编织的吊床、浆果做的甜酱、花瓣制的颜料、枯枝烧成的笔、干草结成的网……没有一样是生活的必需品，却又似乎样样都是必不可少的！

　　三个小伙伴还没来得及欣赏那些有趣的玩意儿，就被一小团混乱吸引了注意力——原来是森林里脾气最暴躁的兔子霹雳，正在山鸡弟弟的摊子前面嚷嚷："一样是红豆换帽子，那边只要两包，你为啥要了我三包？"

京宝凑过去一看，原来山鸡弟弟将五彩羽毛粘在帽子上，光彩炫目，美丽极了！他想，这样美丽的帽子，要花费多少时间、多少心思呀！三包红豆其实是不多的。谁知道不远处，另有一位山鸡大哥也用同样的方法制作了五彩帽子，而且只要两包红豆就可以换到一顶，这下兔子霹雳可不高兴了。

山鸡弟弟委屈地小声解释道："我每年春天都来卖同样的帽子，一直收三包红豆，那位大哥是今年才来的，明明是他模仿我，倒像是我欺负了你……

你不高兴，我把红豆还给你好了。"

　　相邻的摊主—— 一位紫貂姑娘站出来说话："没错，我可以证明，一直是三包红豆换一顶帽子。山鸡弟弟的帽子在冰雪森林里很有名，在咱们集市上，你拿到任何一个摊位，都能换到你想要的东西。"

　　京宝不停地点头表示支持，扎克不停地打哈欠，他还是觉得困，只有357歪着小脑袋，好像想到了什么……

商品是用于交换的劳动产品

虽然秋天集市上已经出现了树莓干、谷粒这些东西，但是在春天集市上我们才真正用到"商品"这个词，比如"果壳串起的风铃、藤条编织的吊床、浆果做的甜酱、花瓣制的颜料、枯枝烧成的笔、干草结成的网"等等。一般的物品与"商品"有什么不同呢？

森林里的空气、阳光、水，都不能叫作商品，因为它们都属于大自然赋予每个人的，而且相对没有稀缺性。只有同时满足"劳动所得""用于交换""有用"这三个条件的，才可以被称为商品。

比如果壳、藤条、花瓣、枯枝、干草，这些都不是商品，但是经过小动物们的劳动加工，将它们变成好听的风铃、好用的吊床、颜料、笔和网，再拿到集市上去交换，就成为商品了。

价格的另一种决定因素

故事中，山鸡们用羽毛做的五彩帽子表面上看起来差不多，可是交换的时候山鸡弟弟的帽子要三包红豆，而山鸡大哥的帽子只要两包红豆，这是为什么呢？

商品的价格受许多因素影响，其中之一是商品本身的价值。若是仔细看，大家就会发现，山鸡弟弟的帽子羽毛颜色更美、粘得更为整齐精致，这是因为他制作帽子的时候投入了更多的时间和精力。与将羽毛随便粘在帽子上的山鸡大哥相比，如果山鸡大哥一天能够制作十顶同样的帽子，那么在同样的时间里，山鸡弟弟可能只能制作五顶。这就是我们常说的"慢工出细活""一分钱一分货"的道理。

1

问：请举出几个生活中常见的商品。

2

问：请举出几个不能称为商品的例子。

3

问：名牌商品通常比普通商品贵一些，这是为什么？

你若想不出答案，书中的解密卡可以帮助你！

6 神奇的贝壳

大雁商旅队一边打开背包补货，一边打圆场："是呀！大家抬头不见低头见，何必着急上火呢！来，看看我们带来的东西。霹雳，你想要什么，就用这顶美丽的帽子来换，我们按三包红豆的数量换给你，好不好？"

兔子霹雳身子一扭，把帽子揽在怀里："不！我就要帽子。没欺负我就好，抱歉了！"话刚说完，他转身就挤了出去，他虽说脾气暴躁，还是讲道理的。他再走回另一家帽子摊前仔细一比，发现那位山鸡大哥的帽子的确是远不如山鸡弟弟做得精致，不仅羽毛的颜色没那么丰富，粘得也比较稀疏随意，使帽子看起来不那么光彩夺目了。难怪山鸡弟弟的摊子前又排起了队，而这位山鸡大哥却没什么生意。霹雳不再生气，戴着帽子高高兴兴地回家了。

　　回到大雁商旅队的摊子，除了来逛集市的森林居民，连卖东西的摊主们都被吸引了来——除了每年都有的海盐和鲜果，大雁们这次还带回了森林居民们从没见过的、异常美丽的东西！

"好漂亮啊！"

"这是什么呀？"

"从来没见过呢……"

森林居民们瞪大了眼睛，七嘴八舌地议论着。

"像老虎牙一样，又白又亮……"不知是谁说了一句，大家嘻嘻哈哈地笑起来，挤在其中的一位老虎小姐害羞地抓抓头。

领头的大雁托起一颗白亮的"虎牙"："这是南方云雾森林里流行的新玩意儿，据说是海鸥从遥远的大海边捡回来的。里面原本是有东西可以吃的，不过这外壳太漂亮了，大家吃完都舍不得将壳扔掉，都穿起来做成了装饰。南方的海鸥就用这些壳在云雾森林换走了不知多少

虫子……"云雾森林里没有冬天，那里的居民不用为食物发愁，于是有闲心打扮起来了。大雁们想，爱美之心，人皆有之，于是也在沿途的海边收集了许多，带回冰雪森林。

"那这东西有名字没有？"

"贝壳！"大雁打开一小包，将贝壳撒在深绿的芭蕉叶上，好像天上的繁星点点落在夜晚的草地上，美极了！

"这么美丽的贝壳，要用什么来换呢？"

京宝听见贝壳散落的声音时，就想要几颗，挂在树洞里，一定比果壳做

的风铃好听。

高大的驯鹿想要一串，挂在角上，走起来摇摇晃晃的，真美！

兔子想要上两小串，挂在长耳朵上当耳环。

树上的乌鸦想要三小串，让白亮的贝壳点缀她漆黑的羽毛，绝配！

有着彩虹般美丽羽毛的山鸡弟弟也想要，他总觉得自己的毛发太艳丽，

正需要些白色来调和……

总之，冰雪森林的每一位居民都想要赶一赶云雾森林的时髦。

京宝似乎还有些不放心，他问大雁："那秋天你们回来时，我能用贝壳换树莓干吗？"

大雁笑笑说："当然啦！你也不用先捡树枝，再辛辛苦苦地去换鱼啦，直接用贝壳就可以换。"

"可是……"京宝小脑袋一歪，"你们也不能靠吃贝壳飞去南方呀？"

357拍了拍京宝的脑袋："小笨蛋，亏你的脑袋还比我的大！大雁可以用贝壳在我们森林里换嫩草，到河边去换鱼虾呀！就算剩下多余的贝壳，带到云雾森林，同样也可以换到食物啊！"

"嘻嘻，是啊，我太笨啦……听你这样一说，这贝壳还真的不仅是美丽，还有大大的用处呢！"

大雁点点头道："没错！这就是我们带贝壳过来的目的。你们定居在森林里，每年这么几次集市，可能不觉得辛苦。而我们，一年中从北飞到南，再从南飞到北，背着那么多东西太辛苦了。如果用贝壳在各地都能换到食物和栖息地，我们也会轻松许多。"

"那秋天你们一定要带树莓干来啊！"京宝依然惦记他的树莓干。

"当然，我们在北部高原的家离冰雪森林不远。还有，春天

也依然会带海盐回来。但那些沉重又巨大的东西就不带了，沿途用贝壳换就可以了。"

来自南方大海的贝壳给冰雪森林的居民们带来了美，也将他们变成了懂得发现美、珍惜美、创造美的艺术家。

在温暖而食物充足的季节，森林居民们尽情装饰着林地的每一个角落。次第北归的大雁除了带来更多贝壳和海盐，还带来了旅途中的有趣故事。冰雪森林的春天没有冰雪，空气中飘着花叶的清香和大家的欢声笑语。虽然春天是短暂的，但也因此显得更加珍贵和美好，不是吗？

贝壳也解决了 357 的麻烦，不久之后，"鼠来宝"便利店顺利开张了。森林居民们在"鼠来宝"发现了比贝壳还要新奇的玩意儿。于是慢慢地，他们愿意拿出少量的贝壳，换一些更有趣的玩具，更美味的食物，或者更有用的小工具。贝壳虽然美丽，到底不能吃呀！

到了暮春时节，与南方的云雾森林一样，贝壳也可以在冰雪森林里换到几乎任何物品。最初有些居民还担心，自己手中的贝壳没法再换取食物。不过慢慢地，大家发现贝壳真是个好东西，既小巧轻便，又坚硬耐用，无论是带在身上，还是存在家里，都不用担心它像食物那样坏掉，还可以随时与其他居民换取自己需要的物品。

一枚枚小巧的贝壳，像魔法棒一样，让森林居民的生活出现了微妙的变化。可是魔法有好也有坏，这些贝壳除了美丽与便利，说不定也会带来些麻烦。谁知道呢！

货币——一种交换媒介

可以换来东西的贝壳有没有让你联想到什么？对了，就是我们生活中离不开的货币——俗称，钱！

与零散的交换行为相比，集市这种集中交易场所显然为人类提供了许多便利。即便如此，还是会出现许多"错位"，比如你拥有的东西偏偏换不来你想要的。为了提高以物易物的成功率，人们最初的办法是，先换来市场上数量较多、需求量也较大的中间产品，再用中间产品去进行其他交换。

在我们的故事中，大雁带来的贝壳，就成为了这样一种好用的"中间产品"，因为它是每一位冰雪森林居民都想拥有的宝贝，那么在集市上能用贝壳换到任何东西也就不奇怪了。在人类的历史上，生活必不可少的牛、羊、盐、稀有而珍贵的宝石等，都曾经作为货币被使用过，当然也包括贝壳。

82

贝壳真的可以当钱用吗？

这是真的！在人类的历史上，贝壳的确作为一种原始货币，被广泛地使用。每一块大陆上，都曾发现过"贝币"的痕迹，甚至连早期的金属货币，也被制成贝壳的形状。在远古时期，贝壳本身是一种稀有而美丽的装饰品，经过简单加工后可以佩戴，因此在很长一段时间里，贝壳既作为商品，也作为货币存在。

货币的出现除了给交易行为提供便利、携带方便之外，还有一个好处，那就是它方便储存。就像故事中的白鼠357，如果他便利店里的商品用花生来交换的话，大量的花生不仅吃不完，存起来还会坏掉。可是如果他收取贝壳的话，那么储存久一点也没有关系。

1

问：跟贝壳相比，我们现在用的钱或者电子货币，又有哪些好处？

2

问：贝壳的出现使交易方便了许多，但它也有一些缺点，想想有哪些？

3

问：贝壳能够成为一般交换媒介，有什么必要条件吗？

你若想不出答案，书中的解密卡可以帮助你！

7 大家都爱"鼠来宝"

冰雪森林的夏天可不像城市里那样炎热。正午时分最毒辣的阳光，在穿过层层叠叠的树叶之后也会变得温柔，像娇嫩的淡黄色花瓣一样，星星点点地洒在草地上。

357 的聪明和勤奋让他的两个小伙伴大受鼓舞。京宝和扎克不再只顾着玩闹，他们俩一个忙着采蘑菇，一个到处捉虫子。

　　松鼠京宝对冰雪森林太熟悉啦，很快就采到各种各样的蘑菇。刺猬扎克在草地上舞弄一番，背上就穿满了各种小虫子。

　　京宝在高高的松树上用树枝搭起一个平台，铺上布，把他们的劳动成果摊开，或晒着太阳，或自然风干，等它们变成蘑菇干和虫虫脆之后，就可以放到"鼠来宝"里等待售卖啦——京宝和扎克用贝壳在店里

买来了不少小玩意儿，眼看剩下的贝壳不多了，所以他们必须要靠自己的努力，想办法再获得一些贝壳。

蘑菇干和虫虫脆是 357 便利店里颇受欢迎的商品。特别是虫虫脆，有太阳味、野莓味、鲜鱼味、土壤味、雨水味、松叶味等数不清的新口味。这些都是属于冰雪森林的独特味道，所以连住在城市里的鸟儿们，都不远千里地飞来冰雪森林采购。

几天之后，京宝和扎克背着晒好的蘑菇干和虫虫脆来到"鼠来宝"便利店，

357翻开盖在桦皮篓上的树叶，松茸、香菇、榛蘑……个个香气扑鼻。他拿起一朵刺猬菇笑道："这朵长得还真像扎克呢！"

京宝看着扎克，也捂着嘴偷笑。

"品质极佳，我都收下啦！这些东西很快就会卖掉，所以不必担心。你们也把贝壳收下吧！"

京宝和扎克第一次靠自己的力量"赚钱"，捧着贝壳开心得不得了！他们舍不得离开，在"鼠来宝"里走来走去，看看又有些什么新奇玩意儿："我们都用贝壳在你店里买东西，那你现在是不是有好多好多贝壳呀？"

357端出榛果点心和冰镇野莓汁来招待他们——冬天采集的冰块，用处还真不少呢！

"没有想象的那么多。你们看，那群金翅雀——"357指指头顶敞开的露台，"用两枚贝壳买了谷粒饼干和松叶茶，我却要用五枚贝壳来买他们带来的这一大包玫瑰果呢！"

357接着说："在店里买卖还算方便，去河对岸进货才麻烦。我也想过像大雁那样，只带贝壳出门，所以试着拿了一些到河对岸去，想跟城市老鼠换些东西，谁知道他们并不稀罕贝壳，反而想要森林里的野果、蘑菇干和虫虫脆。所以我为了收购这些货物，又花掉不少贝壳。"

357掰着爪子继续数着："现在有奔奔陪我过河，对面的人类和城市老鼠都不敢欺负我。可是不能让奔奔白白出力啊，所以也要付给他一些贝壳作为报酬。"

原来经营一个便利店这么麻烦！春天以来，他们三个很少像以前那样聚在一起玩耍，京宝心里难免有些失落。现在看来，打理店面、清点库存、制作茶点，都靠 357 自己，他还要到河对岸去搜罗新奇商品，真是太辛苦了！

　　扎克也想到了这一点，他拍着胸脯说："357，经营便利店太辛苦了，有什么需要帮忙的尽管开口，我和京宝随时待命！"

　　京宝也拼命地点头。

　　"哈哈，那可太好了！我早就想邀请你们加入了，怕你们嫌麻烦。如果我们三个合作，那效率不知道要高多少呢！"

　　"嗯，就这么定了！"京宝点点头，"我们三个轮流，各值班一天，这样大家都可以工作一天，休

息两天。"

"不好！"扎克反对，"应该分早中晚，各自轮班。"

357摇摇头："我的想法是这样，扎克擅长与森林居民打交道，而且对店面的商品了如指掌，上次奔奔要的小玩具，我自己都忘了在哪儿，扎克一下子就找到了。所以扎克最适合留在店面，应付来来往往的顾客。京宝最细心，能将那么多复杂的东西分类储藏起来，贝壳的数量也从不会弄错，应该负责管理贝壳账目和地下仓库。"

扎克指着京宝笑道："京宝经常连自己的地下仓库都找不到，秋天埋的坚果全变成树苗了！"

京宝满脸通红，假装生气道："'鼠来宝'的地下仓库又不会自己

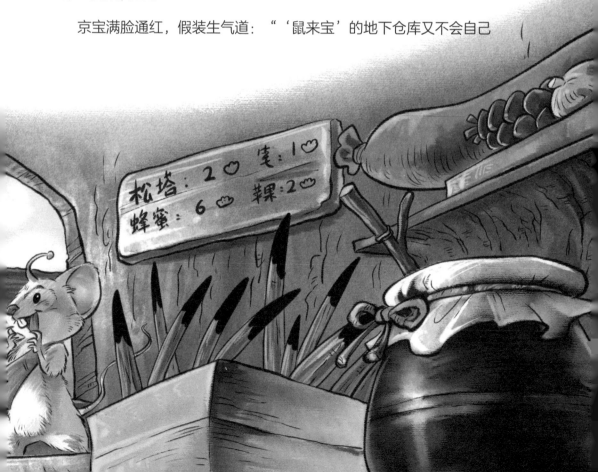

跑掉，怎么会找不到！"

"好啦，我相信他！"357说，"有了你们两个留在店里，我就可以经常去河对岸，并且停留得久一些，寻找更多有趣的玩意儿，多在城市里长长见识；留在店里时，也可以专心制作茶点，把露台茶馆经营得更好。无论生意好坏，每到月圆之夜，店铺支付给你们一次贝壳作为工资，你们觉得怎么样？"

"对哦，这才叫分工合作嘛！"两个小伙伴一齐拍着脑瓜笑了。

有了京宝和扎克的协助，"鼠来宝"便利店生意越来越好，它给森林居民们带来了极大的方便。闲暇时，大家都喜欢到这个小店来逛逛。但357并不是冰雪森林里唯一会做生意的居民，这个夏天，不仅黄鼠狼们建起了一座养鸡场，狐狸家的游乐场也建好了。听到这个消息的小动物们都迫不及待地要去玩玩呢！

分工与合作

劳动分工是将工作按照职能、过程、种类等进行细分，让每个人专门负责一小部分自己擅长的任务，从而在整体上提高劳动效率的一种方法。

在我们的故事中，如果让三个小伙伴轮流经营便利店，那么他们每一位都要对店面、仓库了如指掌，还要管理进货流程，这样分散精力，很有可能筋疲力尽还无法兼顾。但是，如果他们分别负责自己擅长的工作，合力经营，那么工作就相对轻松，可以把便利店经营得更好。

　　我们人类社会也是从单独劳动慢慢过渡到分工合作的。分工合作的优点，是劳动效率大大提高了。在现代社会，以汽车生产为例，这样复杂的工业产品，由同一个人生产零件，再进行组装，再到最后成为可以开动的汽车，几乎是不太可能的。但是工厂将整个生产过程细

分后，零件生产、检验、组装、喷漆等，都由专门的劳动者负责，甚至有专门的厂家负责生产部分机械部件——比如发动机，汽车生产的速度和质量都明显提高了。

　　可以说，分工合作是人类社会进步的一个里程碑。

1

问：日常生活中，你知道哪些需要分工合作的行业？

2

问：分工合作有哪些好处？

3

问：现代工厂里的"流水线"就是分工合作发展的结果。"流水线"作业有什么优点？有什么不好的地方？

你若想不出答案，书中的解密卡可以帮助你！

8 狐狸家的游乐场

河边不远处的一块林地，曾经是棕熊一家玩闹的地方。棕熊妈妈曾推倒了几棵树，让熊孩子们在宽敞的地面上摔跤。熊崽们长大后，这片地就荒废了。于是狐狸们向棕熊妈妈租借了这片空地，请驯鹿建筑队帮忙，用那些倒下的树干搭建了滑梯、秋千、迷宫、蹦床、林间飞车架、跳树机……建造了一座游乐场。

"都不要急！入场请付三枚贝壳。"狐狸歪歪给游乐场的门票定了价。

路过的鸟儿在树梢叫着："好贵呀！三枚贝壳，可以在'鼠来宝'买一包虫虫脆，喝一杯冰镇果茶，再吃一块点心了！"

可是聚在游乐场周围的森林居民经不住家里小朋友的央求，还是决定进去体验一下，不一会儿门口就排起了长队。森林里的小朋友们从来没玩过这些游戏，开心得不肯回家，第二天一早，他们又带着贝壳来游乐场了。

狐狸们也没有想到，游乐场这样受欢迎，赚贝壳原来这样容易！于是不久之后，狐狸们的眼睛红了："今天的入场费是五枚贝壳！"狐狸们的如意算盘是，有这么多小朋友喜欢游乐场，干脆趁机多赚些。

小兔子们抱怨着："什么？前些天还是三枚贝壳呢……妈妈只给了我三枚呀！"

水獭们也不高兴了："对呀！怎么能说涨价就涨价呢？'鼠来宝'便利店从来不这样！"

狐狸歪歪一撇嘴，没好气地说："今天开始就是五枚！入场抓紧，不玩就回家去！"

有些森林居民听说游乐场好玩，是从很远的地方来的，又不忍心看见自家小朋友失望，只能咬牙付了五枚贝壳。可是不少只带了三枚贝壳的小家伙只能气呼呼地走了，队伍一下子短了一半。

虽然游乐场里的游客少了，可是因为入场费涨价，狐狸

们的收入不仅没有减少，反而增加了。再加上游乐场内售卖零食和饮品，更是让狐狸们赚得盆满钵满。

狐狸们的眼睛更红了："我们要继续涨价！我们要成为冰雪森林最富有的家族！"他们聚在洞里，一边兴致勃勃地清点贝壳，一边野心勃勃地喊着口号。

经过一次月缺到月圆的时间，狐狸游乐场门口的游客已经不再是满脸笑容、满眼期待了，他们开始变得愤怒："太过分了，这才多久就翻一倍！"

"十枚贝壳！！"老虎妈妈没好气地说，"简直是一群强盗！"

棕熊妈妈也气呼呼地抱怨道："贪心加黑心！"

听说游乐场很好玩，这天357决定休息一天，和京宝、扎克一起来看看。谁知看到入场费涨到十枚贝壳，

三个小伙伴有点失望。

357 小声说："虽然也不是付不起，总觉得不太舒服……"

"根本就不值得嘛！我们辛辛苦苦从月缺干到月圆，赚几十枚贝壳，怎么能一下子花掉这么多！回家！"扎克一生气，背上的刺也竖了起来，戳得京宝一激灵。

京宝揉着手臂点头赞同："我从月缺到月圆也花不了这么多贝壳呀，剩下的还想存起来呢。算了，回家！"

门票的确是太贵了，从远处赶来的游客一个接一个失望地走开，眼前的队伍也像冰锥碎在地上一样散掉了，狐狸们开始着急了——他们本以为最多再失去一半游客，钱不少赚，还乐得清闲，没想到居然几乎全部走掉了！

眼看游客越来越少，狐狸们只好降价。

"哎哎哎，别走呀！可以商量嘛……今天只要八枚，八枚怎么样？"狐狸歪歪开始变得"好商量"了。可是，游客并没有明显增加，游乐场生意惨淡！

"五枚！五枚！今天只要五枚！"奇怪，票价降回去了，可是游客依旧远不如原来多。大家一定憋着气，不愿意再到游乐场来玩了。

"三枚……三枚……哎呀，两枚好不好……"狐狸们在林地中四处宣传，想拉回一些游客，可是大部分游客还是扭头走开了。

"一枚！一枚！！"游乐场入场费降到一枚贝壳了，狐狸歪歪简直要哭了，"真的不能再便宜了……"

"真的？"听到"一枚"，大家纷纷停下脚步，开始呼朋引伴。

歪歪无奈地说："真的，真的，回来吧……"

"哟吼！"大家欢呼雀跃起来，纷纷掏出贝壳，拥入游乐场。空空如也的游乐场瞬间热闹起来。不，简直是沸腾！

"林间飞车"上装了太多游客，狐狸们拖不动，根本"飞"不起来，大伙儿抱怨道："比乌龟爬得还要慢！"蹦床上已经挤满了，京宝差点被小老虎、小狼这些大一点的动物踩在脚底下。好容易爬上滑梯的357还没有坐好，

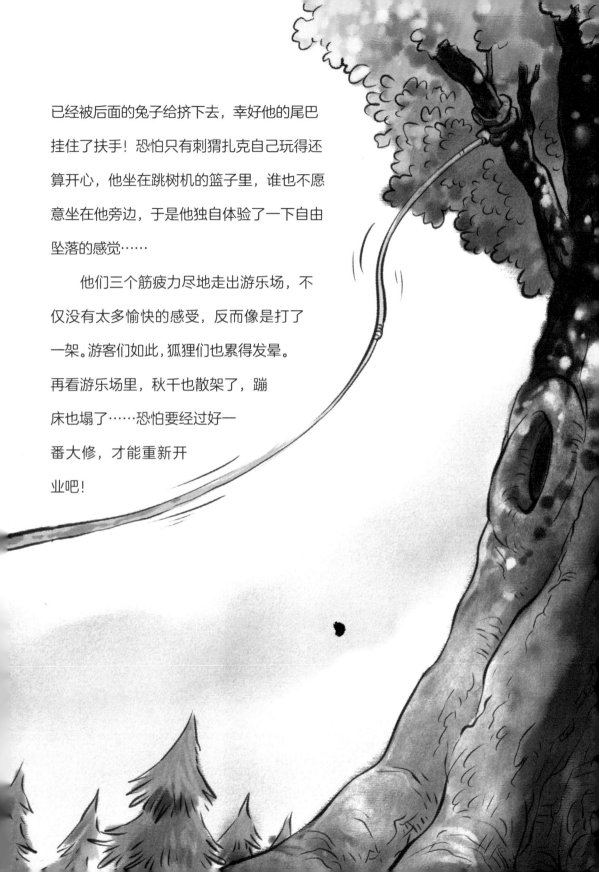

已经被后面的兔子给挤下去，幸好他的尾巴挂住了扶手！恐怕只有刺猬扎克自己玩得还算开心，他坐在跳树机的篮子里，谁也不愿意坐在他旁边，于是他独自体验了一下自由坠落的感觉……

　　他们三个筋疲力尽地走出游乐场，不仅没有太多愉快的感受，反而像是打了一架。游客们如此，狐狸们也累得发晕。再看游乐场里，秋千也散架了，蹦床也塌了……恐怕要经过好一番大修，才能重新开业吧！

357感叹道："都是贝壳惹的祸！"

京宝和扎克不明白："为什么这么说呢？"

"歪歪不是一直在我们店里订零食和冰镇果汁吗？他问过我，做生意是不是赚了很多贝壳。我说是，不过进货、上架、打理店面什么的也很辛苦，没有'一劳永逸'的生意。谁知道他们就想出了涨价的点子。其实如果老老实实做生意，认认真真经营，游乐场是个很棒的生意呢。可惜，他们太贪心了！"

京宝说："他们一定是太想'一劳永逸'了！"

"哪有那么容易的事呢，一分耕耘，才有一分收获嘛！"扎克笑道，"看他们以后还敢不敢胡乱定价了，哈哈哈！"

价格真是神奇，表面上看起来，它似乎是由卖家决定的——"鼠来宝"里，每一件商品都是由357来定价，顾客们好像也没有什么意见；可是狐狸们给游乐场门票的定价，森林居民们怎么就不满意了呢？仅仅是因为狐狸们贪心，胡乱涨价吗？

不过一天工夫，狐狸家的游乐场

就从原来的"井井有条"变成"一片狼藉",狐狸们也不知跑到哪里去了。

不过,森林居民们很快就不再谈论游乐场的事了,因为他们又开始忙碌起来。他们有的在辛勤劳动,准备在秋天集市上多赚一些贝壳,购买过冬的食物;有的受到"鼠来宝"和狐狸家游乐场的启发,也打算做一些小生意,勤劳致富。

现在,因为贝壳可以被当作财富储存起来,森林居民们的生活习惯似乎也有了一些改变:大家不再只顾眼前,不顾明天,而是希望拥有更多的贝壳,以备不时之需,使生活更加有保障。小小的贝壳给冰雪森林带来的变化还在继续,夏去秋来,这里又会发生什么故事呢?

供给与需求

"供给"和"需求"是经济学中两个最基本的概念。在市场上，产品和服务的提供者属于供给方，相应的购买者就是需求方。

注意，除了看得见、摸得到的产品，服务也存在供给和需求。在"鼠来宝"里出售的食品、玩具，357 是这些商品的供给方，而去便利店买东西的居民们就是需求方。在狐狸家的游乐场，狐狸们是游乐设施与服务的供给方，去游玩的小动物们是需求方。

价格的另一个决定因素

在前面的故事中我们说过，商品本身的价值是决定价格的因素之一。不过在市场上，价格最直接的决定因素是供求关系，可以理解为供给和需求的力量对比。如果一种商品供大于求，那么价格就会下跌；如果供不应求，那么价格就会上涨。

在我们的故事中，狐狸家的游乐场是冰雪森林里唯一的娱乐场所，小朋友们都想进去玩，所以即使狐狸定的价格有点高，甚至涨过一次价，还是有游客愿意去。这正是因为，森林里的娱乐服务"供不应求"。

不过，即便在供不应求的情况下，供给方也不能为所欲为。因为游乐场并不是快要饿死时的一顿饭，不玩也没什么大不了。因此，当狐狸们漫天要价时，森林居民们就干脆不去玩了。

1

问：供求关系能够在一定程度上决定价格。反过来，价格会影响需求吗？

2

问：假设，游乐场门票是四枚贝壳时，游客数量正好。那么，如果狐狸们想让游客再多一些，游乐场再热闹一点，他们应该怎么调整价格呢？

3

问：你认为，狐狸游乐场的失败有哪些原因？

你若想不出答案，书中的解密卡可以帮助你！

9 一日暴发户

夜幕降临，冰雪森林的深处，狐狸们正在月光下举办庆功宴——虽然游乐场毁了，可是狐狸们还是发了大财！在游乐场外出售门票的狐狸歪歪向他那些在游乐场内四处兜售零食和饮料的兄弟姐妹报告开业以来的收入情况，并上缴归公。

歪歪首先报告门票收入："咳咳，向大家汇报一下游乐场开业以来的门票收入。"他拖出一块小黑板，上面详细列出了游乐场门票的价格和销售数量：

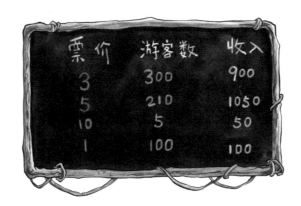

票价	游客数	收入
3	300	900
5	210	1050
10	5	50
1	100	100

歪歪点点小黑板："两次月圆的时间，门票总收入 2100 枚贝壳。"他挥挥爪子，两只小狐狸拖着一只硕大的树皮篓子，哗啦一声倒在地上，白花花的贝壳像冬天的雪片一样散落在草地上。

"哇——"狐狸们齐声惊叫。

"哟吼！发财啦！"狐狸们噌噌地跳起来，"这可比去集市上卖东西赚得多哩！"

"发财啦！发财啦！我们是森林里最富有的家族！"

林地上，月光下，欢声笑语，此起彼伏。狐狸们的叫声引来了几只看热闹的猫头鹰，他们静静地站在树梢上观望。

"大家静一静！"歪歪示意大家保持安静，他得意地说道，"大家别急着兴奋，这里还有一笔收入呢！"

狐狸们坐下来，竖起耳朵聆听。

"从'鼠来宝'里订的水果、蛋糕、虫虫脆、蘑菇干，销量极佳！几乎每天都卖个精光！当然啦，卖得最好的还是冰镇果汁，几乎每位游客都要买上一到两杯，简直供不应求呢！"

"哈哈！太好啦！"

"赚翻啦！"

"红红火火！"

歪歪挺着胸脯，得意扬扬地又挥挥爪子，两只小狐狸拖出另一只树皮篓子。又是哗啦一声，亮闪闪的贝壳像冰河水冲过石头时激起的浪花，碎玉一般地散开来。

"发达啦！发达啦！"

"我们是快乐的暴发户啊，吼——嘿！"狐狸们居然用"暴发户"来赞美自己，树上的猫头鹰笑歪了头。

"咳咳！"歪歪清清嗓子，"这些贝壳，是靠我们的智慧和力量赚来的，是整个家族共同劳动的回报。以后，我们可以在冰雪森林里挺起胸脯，无论白天黑夜，都可以光明正大地走在路上。谁也不能再说，咱们狐狸是靠'偷鸡摸狗'为生的一家子！"

"说得对！"

"说得好！"

"狐狸不是穷光蛋！我们要正名！我们要得到尊重！"狐狸们亢奋起来。

"很好！"歪歪两爪一搭，做出了一个"停"的手势，"既然这些贝壳是我们大家齐心协力赚来的，那么就要平均分配。大家有意见没有？"

狐狸家族的所有成员都参与了劳动，他们交头接耳，小声嘀咕一阵，都表示同意。于是，歪歪在所有狐狸的见证下，清点贝壳，平均分配下去，狐狸们一片欢腾。

狐狸们的心之前一直是虚的——不晓得为什么，狐狸们的名声总是不太好。因为怕被议论，所以他们总是昼伏夜出，小心地在森林里出没。现在不同了！游乐场在白天也一度被他们经营得很好，森林居民们并没有因为游乐场是狐狸家开的，就拒绝进入。现在，狐狸们已经成了大富翁，有什么理由

不得到森林居民的尊重呢？

第二天一早，狐狸们兵分两路——歪歪一队向西，另一队向东——破天荒地在白天大摇大摆地沿着森林大道深入林地。除了经营游乐场这段时间，还没有谁在白天的林子里见过狐狸。他们一个个趾高气扬，下巴朝天，步子也迈得老大，狐狸尾巴更是像扫帚一样甩得老高，恨不得把地面上的小石子都卷起来。他们也不像从前那样溜着树根或者伏在草丛里悄悄地挪动，而是专挑显眼的地方，好像生怕别的森林居民看不见他们似的。

往东的队伍里，一只狐狸得意地小声问："喂！你说大家知不知道，我们现在是冰雪森林里最富有的家族？"

另一只咧嘴一笑："笨蛋！你没听说过'财大气粗'吗？不喘几口粗气，谁知道咱们发财了？"

"说得对！"两只狐狸故意迈开大步快走，呼哧呼哧地喘着粗气。别的狐狸也有样学样，呼哧呼哧地大步前进，就好像一辆行驶的火车头。与他们擦肩而过的其他森林居民都忍不住笑出来。

狐狸们不明白："怎么还是笑话我们呢？喘这样粗的气了，还显示不出咱们有钱吗？"

一只小狐狸咬牙切齿地说："得给他们点颜色看看！"

这一支狐狸小分队最终决定用挥金如土的方式来彰显财富。他们找到山鸡弟弟，把他为下一次集市准备的五彩羽毛帽包圆儿了；他们在紫貂小姐家，挑选了最上等的桦皮背包；他们还买了晶莹剔透的宝石项链、流光溢彩的翎毛披肩、雕花精美的硬木家具……贝壳花光了也不回家，他们还要在林子里继续喘着粗气"游行"上几个来回，滑稽的模样引得大家窃窃私语。

小狐狸惊叫道："他们还在笑话我们呢！"

"笨蛋！"老狐狸笑道，"现在他们是在羡慕我们呢！"

其实狐狸们一向"深居简出"，大家只是不习惯大白天的在林地里见到他们而已，既不会骂他们，也不会笑话他们，更没有羡慕他们，一切不过是狐狸们自己的想象罢了。要说有谁真的议论了狐狸们几句，那就是在他们建造游乐场时出了大力气却还没拿到报酬的驯鹿建筑队，借出了自己领地却还没收到租金的棕熊妈妈，提供了大量零食和饮料却没等来狐狸们结账的"鼠来宝"，一直给狐狸们解决伙食自己却欠了一屁股债的黄鼠狼养鸡场！所以，

在森林西区游荡的这一队狐狸就没那么顺利了！

狐狸歪歪大摇大摆地走进"鼠来宝"，一本正经地在柜台上排出十枚贝壳："顶级刺猬菇、高品质浆果、大师级蜥蜴干、豪华青蛙脯、旗舰松叶茶，各来两份。哦——要最贵的！"

刺猬扎克差点笑出声来。歪歪哪里来的那么多词儿，又是"顶级"又是"豪华"的，还得强调"最贵的"，根本就只有一个价格嘛！出于礼貌，他憋着笑应了一声，转身去给歪歪拿货。

炫耀性消费

狐狸家族靠经营游乐场成了"暴发户"，他们迫不及待地想摆脱不太光彩的形象，期待通过"炫富"来获得其他森林居民的尊重。因此，他们购买"晶莹剔透的宝石项链、流光溢彩的翎毛披肩、雕花精美的硬木家具"这些昂贵的商品，想告诉大家，他们是富有的。

这种以彰显财富为主要目的的消费，称为"炫耀性消费"。人们购买珠宝首饰、昂贵的名牌，都属于这类消费，而这类商品就是我们常说的"奢侈品"。

奢侈品与一般商品的区别在于，它们大多不是必需品，而且价格可能远远超出了本身的价值——比如名牌包包和一般的包包，功能都是装随身物品，但是名牌包包的价格却是普通包包的几十倍甚至上百倍。

当然啦，"奢侈"的标准是相对的，对有些人来说，"大名牌"并不昂贵，我们应当尊重每个人的消费习惯。不过有一条原则可以作为参考，那就是消费应当与收入水平相匹配，盲目追求奢侈品和过度的"炫耀性消费"都是没有必要的。你看，狐狸们的"挥金如土"也并没有获得森林居民的尊重，不是吗?

生活必需品

为了维持我们的生命和基本生活，有一些东西是必不可少的。比如没有食物，我们就无法维持生命；没有衣服穿，我们就没法出门。这些维持生命体征和基本生活需求的基础物品，叫作生活必需品。

与奢侈品不同的是，生活必需品消费不是为了心理满足，而是生理和生活需求。无论我们的经济条件如何，都会首先满足生活必需品开销，再考虑其他消费。我们当然希望，生活中既有充足的必需品，又有足够的钱进行其他的消费活动，比如——买首饰、买玩具等。但是假如我们不幸遭遇财务危机，手中的钱已经不多了，那该怎么办呢？答案一定是把有限的钱先用于购买食物，支付生活成本，而不是去买首饰或玩具，对吧？

你看，同样是消费，消费在什么地方也大有讲究——如果你从来不用为生活发愁，又有漂亮衣服和数不清的玩具，甚至可以去旅行，那么你真的是一个非常幸福的人啦！

1

问：狐狸们为什么要购买昂贵的珠宝？

2

问：普通腕表和高档腕表在功能上有什么不同？

3

问：狐狸们把赚来的贝壳平均分配下去了，这样合理吗？

你若想不出答案，书中的解密卡可以帮助你！

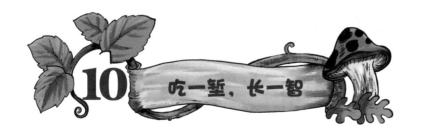

10 吃一堑，长一智

原本想用"挥金如土"来获得尊重的狐狸歪歪在"鼠来宝"里碰了一鼻子灰——拍在柜台上的大把贝壳不但没买来"顶级""豪华"商品，反而瞬间欠了一屁股债！

与此同时，其他狐狸们也正在到处碰钉子——

听说狐狸们白天出洞了，驯鹿建筑队队长鹿游原，赶紧带着队友们出门讨债。他们辛辛苦苦地从上弦月干到下弦月，眼看着游乐场从开业到倒闭，狐狸们居然一个贝壳也没付过！

糟糕的是，有狐狸撞见了棕熊一家——没错，游乐场就建在他们的领地之上。除了没考虑过"租金"这回事，废弃的游乐场现在依然一片狼藉。棕熊一家显然是在"守株待狐"。

太丢脸了！狐狸们恨不得原地打洞钻进去，再也不出来！刚刚还得意扬扬的他们，在还了这几处欠款，并承诺一定将棕熊家领地清理干净后，瞬间变得垂头丧气。难得当一回"暴发户"，能够在光天化日之下，大摇大摆地走在森林大道上，结果不仅抖空了腰包，还得溜着树根、伏在草丛中爬回去！

来黄鼠狼养鸡场买鸡的狐狸们也好不了哪儿去。"如果今天不把之前欠下的账付掉，以后就不要想吃鸡了！"养鸡场场长阿黄一点也不客气。他本以为狐狸们会像其他客户那样，到期自觉付款，谁知他们竟忘得一干二净！

从东边回来的一队狐狸，看见灰头土脸、跌跌撞撞爬回狐狸洞的西边一队，简直吓了一跳。两队狐狸一聊，才悔不当初。兴建游乐场这个点子让他们头脑发热，大把大把的贝壳又使他们兴奋过度，竟然把"成本"一事抛在脑后——所谓"利令智昏"，就是如此了！

狐狸歪歪已经把身上带的钱全数付光了，也算还了一些债务。可是去东边那一队呢？他们早把钱全花光了！

接下来大家靠什么过日子呢？这五彩的羽毛帽、漂亮的桦皮包、晶莹的宝石链、光彩的毛披肩、雕花的木家具……这些金光灿灿、光彩夺目的东西顷刻变得毫无用处，既不能吃，也不能喝，就算拿去抵债，对方愿意接受吗？想到这里，狐狸们不禁悲从中来，忍不住呜呜地哭了起来。

此时，圆头圆脑的狐狸阿呆哼着小曲回来了。因为他一向有些木讷，做事情总是慢半拍，大家都觉得他有损狐狸家族的威风，所以早上两队狐狸都不愿意带他。阿呆也不介意，开心地拿了贝壳自己出去玩。看见洞里哭倒一片，

阿呆歪着脑袋问："这是怎么了？"

老狐狸边哭边说："阿呆，咱们

的贝壳全没了！"

　　"哈！还以为什么了不得的事呢！那么一大堆，数都数不过来，花光了干净！"阿呆倒是个乐天派。

　　狐狸阿瘦呜咽道："明天恐怕连肚子都填不饱了！"

　　还没等阿呆开口，歪歪先问他："阿呆，你今天跑哪儿去了？分给你的贝壳呢？"

　　阿呆笑嘻嘻地回答："花了啊，我厉不厉害？"

　　歪歪真是哭笑不得："那么多贝壳……在哪里花掉的？"

"河边啊！我看河边热闹，就跑过去玩了。"

"这个季节，河边有什么好玩的！"狐狸们感叹道，阿呆还真是呆。

"好玩！"阿呆大声说，"河边挂着个大招牌——河里捞，水獭们搞的新玩法！"

歪歪越发好奇了："河里捞？捞什么？"

"捞鱼呀！自助式捞鱼，可好玩啦！"阿呆可没开玩笑，这的确是水獭们的新点子。夏天森林里物产丰盛，鲜美可口，森林居民们很少到河边去买鱼，水獭们捉到鱼也常常卖不掉。看见狐狸游乐场生意红火，水獭们于是想

出这个"河里捞"的主意——只要付一枚贝壳，就可以自己潜到水里去捞鱼，时间不限，捞不到不收钱，果然吸引了不少森林居民。自己下河捞鱼既新鲜又有趣，河水还清凉无比，这简直太棒了！

"你居然会自己下河捞鱼？你捞到了吗？"大家都知道，阿呆连蝴蝶都扑不到，哪里会捉鱼。

阿呆果然摇摇头，挤眉弄眼地描述起自己的事迹："我在河里泡了一整天，最后就剩下我自己了，可还是一条鱼也没捞到……可把那群水獭给愁坏啦！他们趴在岸边喊：'求求你啦，阿呆，上来吧！我们要收摊啦！'我说：

'不行！我付了一枚贝壳呢，现在上去可就亏啦！'"

"这倒不意外，是你的风格！"

"那后来呢？"

阿呆害羞地笑道："说到捞鱼，到底是水獭们厉害，水獭波波跳下河，随便一捞就捞到一条鱼，把鱼给我让我赶紧回家！"

"我可给了你整整一小包贝壳呢，你就花了一枚？"歪歪残存着最后一丝希望，这可是一大家子最后的救命稻草。

可是阿呆摇摇头："我看水獭波波那么厉害，就把所有的贝壳都给他，让他帮我捉，我就可以带鱼回来，跟大家分享呀！"

"那鱼呢？鱼在哪里？"大家殷切地看着阿呆，这小家伙不会"鱼财两空"吧？

阿呆从小包包里面翻出一沓三角形的薄树皮，上面画着水獭的爪印——不过只有半边："水獭们说，我给的贝壳太多了，全部换成鱼的话，就算咱们全家也吃不完，所以给了我这些鱼券。你们看……"阿呆举起一张三角形的树皮，"另一半留在水獭那里，两片合在一起，能拼出一个完整的水獭爪印，这样的一张鱼券可以换四条鱼。"

狐狸洞里一下子安静下来。然后，大家突然把阿呆抱了起来！

"谁说阿呆呆啦！"

"我们阿呆最聪明啦！"

"阿呆你太棒啦！"

"阿呆是我们家的大英雄！"

大家把阿呆捧起来，不停地欢呼，有的笑中带泪，有的泪中带笑。

对于狐狸家族中的每一位成员来说，这一天都太不寻常了，简直像他们发明的"林间飞车"一样大起大落。头脑发热、随意涨价、忽视成本、过度消费，

让他们在两次月圆之间，体验了从"一夜暴富"到"负债累累"的整个过程。现在，阿呆带回来的"鱼券"成了他们最后的安慰。狐狸们能重新振作吗？他们会吃一堑，长一智，从失败中总结教训吗？

春生夏长，秋收冬藏。一年四季就这样在冰雪森林的红松、白桦间偷偷溜走了。

贝壳的出现给森林居民带来了翻天覆地
的变化，下一个秋天到来之时，这
里又会发生什么有趣的故事呢？
让我们和冰雪森林的居民们一
起期待吧！

什么是成本?

成本是为了生产商品或提供服务所付出的代价,一般用货币来表示。

从前面的故事我们已经知道,"鼠来宝"便利店里的许多商品,都是357用贝壳换来的。这些为了获取商品所花费的钱,就是357为经营"鼠来宝"所付出的一类成本。松鼠京宝和刺猬扎克作为"鼠来宝"的工作人员,付出了劳动和时间,357也需要支付工资给他们——这同样是成本的一部分。

至于狐狸们的游乐场,场地租金、购买建筑材料、驯鹿建筑队的劳动报酬、工作人员的伙食费、购买零食和饮料的花销……这些都是必须考虑的成本。他们所赚到的那些钱,必须扣除成本之后,才是可以分配的部分。可惜,他们忘记了成本,以为到手的钱都属于自己,开心得太早啦!

当然啦,成本也有很多不同的类型,我们在以后的故事中会慢慢介绍。在此之前,你可以留心观察我们生活中的那些经营者,无论经营超市、餐馆、商场、电影院、游乐园,还是离我们比较远的生产各种产品的工厂……它们的经营都少不了成本。而我们买东西、吃饭、看电影所付的钱,要扣除各种成本以后,才是经营者真正赚到的钱——利润。如果只看见到手的钱,而忽略了成本,那可就像狐狸们一样,要有大麻烦啦!

商家为什么总是鼓励你"充值"？

故事中，狐狸阿呆用贝壳换来了"河里捞"的鱼券，鱼券可以在未来一段时间内，换来水獭家的鱼，是不是有些熟悉？

我们日常购物的时候，经常遇到商家推出"充值"或"储值卡"活动，有时候还会通过"买800送1000"，或者"充值打折"的方式，鼓励顾客购买。你有没有想过这是为什么呢？

对商家来说，一旦顾客购买了充值卡，就等于他们提前赚到了钱，因为充值卡里的"余额"与现金不同，你是没办法到其他地方消费的。所以，为了提前"锁定"客户和销售收入，商家宁可做出一点让步。

不过对于消费者来说，充值卡虽然有折扣，但通常很难退款，而且也不像现金一样使用自由。所以下次有人向你和爸爸妈妈推销各种"充值卡"的时候，你可以帮他们判断一下，到底是不是真的有必要买。

1

问：被狐狸们忽略的成本有哪些？

2

问：哪些钱才是真正属于狐狸们的？

3

问：水獭们充分利用资源，通过新的经营形式和消费体验来招揽客户。除此之外，利用我们学过的知识，你还能想出其他提高销量的办法吗？

你若想不出答案，书中的解密卡可以帮助你！

小词典

以物易物

以自己拥有的物品，换取他人拥有的物品的一种价值交换模式。除了有形的物品，服务也可以用来交换他人的服务或物品。

集 市

一种周期性的集中交易地点。集市的历史非常古老，而且今天依然存在。在以物易物的时代，集市为交易者们提供了很大的方便。

效 率

单位时间内完成的工作量叫作效率。效率高即表示在同样的时间内，完成的工作量多。

稀缺资源

在一定时间或空间范围内，相对于需求而言，供给有限的资源。稀缺资源是经济学的研究对象。

劳动价值论

一种经济学理论，它认为商品的价值是由劳动创造的。

商 品

商品是用于交换的劳动产品。

货 币

货币俗称"钱"，它是交易的媒介物、储藏财富的手段，也是衡量价格的工具。

分 工

分工是组织劳动的一种方式，它是指让每位劳动者负责生产环节的一部分，再通过不断提高技术熟练程度，从而提高整体劳动效率的一种手段。

供 给

在特定时间内和特定价格下，某一个市场上，生产者愿意且有能力提供的商品或服务数量。

需 求

在特定时间内和特定价格下，某一个市场上，消费者愿意且有能力购买的商品或服务数量。

生活必需品

生活必需品是维持生命体征和基本生活需求的基础物品。

炫耀性消费

炫耀性消费是指以彰显财富、身份、地位为主要目的的商品或服务消费。

成 本

生产和经营活动中，资源消耗的货币表现形式。扩展到生活中，为达到某种目的而付出的代价，也可以视为成本。

生活中的经济学

经济学有什么用?

相对于人类不断增长的需求来说,地球上许多资源,都是十分稀缺的,比如食物、能源、安全舒适的住所……那么,如何分配有限的资源就成了一个巨大的难题——经济学就是研究如何分配稀缺资源的学科。经济学离我们的生活并不遥远,小到日常生活,大到国家大事、世界形势,都或多或少会涉及一些经济学原理。

比如,大多数家庭的主要经济来源是工资收入。爸爸妈妈用劳动换取的工资,来支付生活中衣、食、住、行等各种开销。由于工资收入在一段时间内是有限的,属于"稀缺资源"的一种。这意味着,假如某一方面开销多一些,那么其他方面就不可避免地少一些。所以,怎样分配工资收入,既能保证基本生活需要,又可以有一些娱乐活动,还能留下些存款以备不时之需呢? 这就是爸爸妈妈面对的一个经济学问题。

除了我们的小家庭,祖国这个大家庭也面临着同样的问题。一个国家在一段时期内的"收入"也是有限的,既要保证国家安全、经济发展,

也要保证人民生活幸福——国防、基础设施建设、社会福利、教育、医疗……这方方面面都是要用国家的"收入"来支付的。如果国家的"收入"没有分配好，或者"入不敷出"了，那么就可能发生经济危机，甚至出现更加严重的后果。这是国家需要研究的经济学问题。

再说我们自己。虽然我们还没有"工资"，但我们也有一样宝贵的"稀缺资源"——时间。一天只有 24 个小时，人的一生也不过几十年时间，要知道时间的分配也是"这里多一些，那里就要少一些"，多玩一会儿游戏，睡觉或者学习的时间就要少一点。现在，你明白为什么说"时间是宝贵的"了吗？如果你懂一点点经济学，你就会明白，时间是属于我们每个人的非常珍贵的稀缺资源！你可以想一想，每一天、每一年、一生……你想怎样分配自己的时间呢？时间虽然不是经济学的研究对象，但是对我们来说，这也算是一个值得研究的经济学问题。

掌握一些经济学常识，可以帮助你更好地分析问题，更好地理解我们所生活的世界。

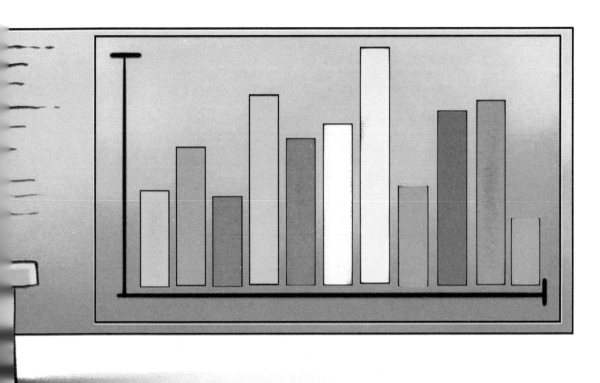

图书在版编目（CIP）数据

森林商学园.大森林的小生意 / 龚思铭著；肖叶主编；郑洪杰，于春华绘. -- 北京：天天出版社,2021.6

ISBN 978-7-5016-1711-1

Ⅰ.①森… Ⅱ.①龚… ②肖… ③郑… ④于… Ⅲ.①财务管理－少儿读物 Ⅳ.①TS976.15-49

中国版本图书馆CIP数据核字(2021)第075290号

责任编辑：陈 莎 　　　　　　　　　美术编辑：邓 茜
责任印制：康远超 张 璞

出版发行：天天出版社有限责任公司
地址：北京市东城区东中街 42 号 　　　　邮编：100027
市场部：010-64169902 　　　　　　　传真：010-64169902
网址：http://www.tiantianpublishing.com
邮箱：tiantiancbs@163.com

印刷：天津市豪迈印务有限公司 　　　经销：全国新华书店等
开本：710×1000　1/16 　　　　　　　印张：38
版次：2021 年 6 月北京第 1 版　印次：2021 年 6 月第 1 次印刷
字数：412 千字 　　　　　　　　　印数：1-10,000 套

书号：978-7-5016-1711-1 　　　　定价：140.00 元（共 4 册）

版权所有·侵权必究
如有印装质量问题，请与本社市场部联系调换。